建筑·室内·景观

手绘表现精选 3

中国建筑学会室内设计分会　编

中国水利水电出版社
www.waterpub.com.cn

内 容 提 要

　　手绘是设计师传达设计理念、表现设计效果的最为快速的方法，快速准确的手绘不仅可以帮助设计师加快设计构思的进程，还是一种与业主或客户有效沟通的手段。中国建筑学会室内设计分会已经连续举办了多届"中国手绘艺术设计大赛"，本书将2012年获奖作品予以整理分类，尤其对一、二、三等奖予以重点点评和展现，以供设计师交流参考。

　　本书可供高等院校设计类专业师生、设计类专业人士参考借鉴。

图书在版编目（ＣＩＰ）数据

建筑·室内·景观手绘表现精选. 3 / 中国建筑学会
室内设计分会编. -- 北京 ： 中国水利水电出版社，
2012.11
　　ISBN 978-7-5170-0304-5

　　Ⅰ．①建… Ⅱ．①中… Ⅲ．①建筑艺术－绘画－作品
集－中国－现代 Ⅳ．①TU-881.2

中国版本图书馆CIP数据核字(2012)第253443号

书　名	**建筑·室内·景观手绘表现精选3**
作　者	中国建筑学会室内设计分会　编
出版发行	中国水利水电出版社
	（北京市海淀区玉渊潭南路1号D座　100038）
	网址：www.waterpub.com.cn
	E-mail：sales@waterpub.com.cn
	电话：（010）68367658（发行部）
经　售	北京科水图书销售中心（零售）
	电话：（010）88383994、63202643、68545874
	全国各地新华书店和相关出版物销售网点
排　版	柒柒视觉工作室
印　刷	北京博图彩色印刷有限公司
规　格	210×220mm　20开本　7.5印张　168千字
版　次	2012年11月第1版　2012年11月第1次印刷
印　数	0001—3000册
定　价	39.00元

凡购买我社图书，如有缺页、倒页、脱页的，本社发行部负责调换

版权所有·侵权必究

本书编委会

主任：劳智权

委员：陈新生　何　山　尚金凯
　　　　夏克梁　王寒冰

EDITORIAL

BOARD

这个序本来没打算写的，我想此集无"序"胜"有序"，但想想还是简单的说几句为好。

手绘的作用在前几集中都讲了很多了，大家都越来越明白，也认识到对设计师的重要性，所以这儿就不说了。

今年由我会主办的手绘大赛已经是第九届了，坚持下来就不容易，毕竟举办一项赛事要费很大精力和物力，但我们觉得大赛对设计师有作用，特别是对在校学生可提供参与社会实践的机会，而且得到大家的积极支持，所以我们坚持了，坚持就是胜利。

今年的作品数量和水平比往年有增加和提高，这是必须看到的成果，也是评委们的一致看法，但比例相差悬殊，工作组和学生组的作品数量之比是1比6，这可说明几个问题：一是设计师业务忙或是赛事过多，应接不暇。二说明学生的求知欲和参与性极高，在比赛中得到了锻炼。我们希望这种局面逐步完善。

评审结果发现，这次获得奖项的个人和单位过于集中，评审时评委只看作品的水平，而不会考虑谁的作品，这是遵循公开、公平、公正的评审规则，应该不会有异议，但是在水平相差无几的情况下，适当考虑获奖面和地区的平衡，对调动参赛者的积极性对今后赛事的组织和发展还是有利的。

最后仍要感谢设计师、在校学生和老师的参与和支持。

劳智权
2012年10月

目录

序
工作组

表现类

写生类

写生类

工作组作品

二等奖
刁晓峰
重庆小鲨鱼手绘艺术设计工作室

2nd 时光碎片

随笔性质的旅行建筑速写记录的手法代表了作者的敏锐目光、细致入微的观察能力和熟练的表现力，虽然在用线上稍觉浮躁，但不难反映出作者的常态和笔法与追求。

二等奖
刁晓峰
重庆小鲨鱼手绘艺术设计工作室

2nd 时光碎片

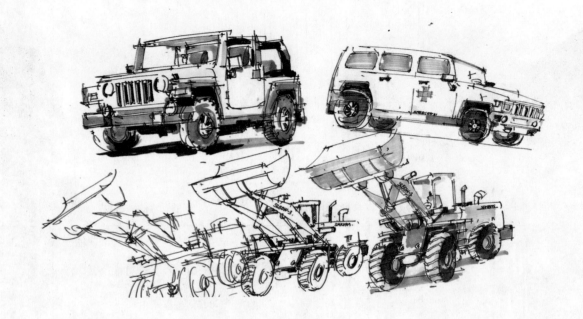

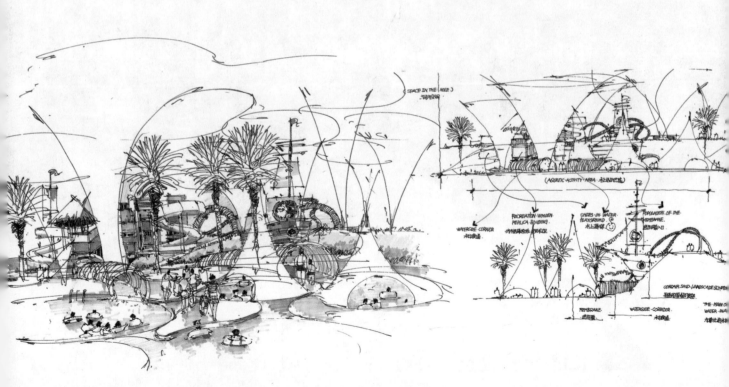

二等奖
刘宇 张权
天津理工大学

2nd 商务酒店空间表现

评 在三维电脑渲染图大行其道的今天，坚持以手绘来表达创意是非常需要勇气的，而且还要有手法，因为最终的效果不能形式大于内容，作者的功力不俗，但追求是无止境的。

3rd 室外空间手绘表达草图

三等奖
周先博
重庆小鲨鱼手绘艺术设计工作室

评　手绘方法较轻松，表达主题较好，只是线条较浮躁。虽是写生类表
　　现，但也应该注重主体表现突出重点，植物的表现上要多下功夫。

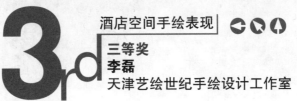

酒店空间手绘表现

三等奖
李磊
天津艺绘世纪手绘设计工作室

评 色彩效果浓重，透视严谨到位，在项目上是难得的佳作，体现出作者
在绘画以及在建筑表现的功力。

评 新中式风格的作品色彩表现力较强。透视准确，构图完整，笔法表现力较强。

3rd

新中式酒店套房设计

三等奖
张权 许韵彤
天津理工大学

3rd

小型餐吧设计

三等奖
黎泳
广西艺术学院

评 现代风格表现效果良好，色彩鲜明，构图简洁，
值得大家认真学习，互相提高。

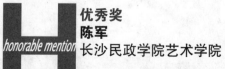

优秀奖
陈军
长沙民政学院艺术学院

忆食代餐厅室内设计手绘方案

H

honorable mention

优秀奖
赵杰 黄慧
北京朗戈设计事务所

酒店手绘快速表现

H 优秀奖
honorable mention **张宏明**
鹤鸣建筑设计工作室

餐厅局部效果图

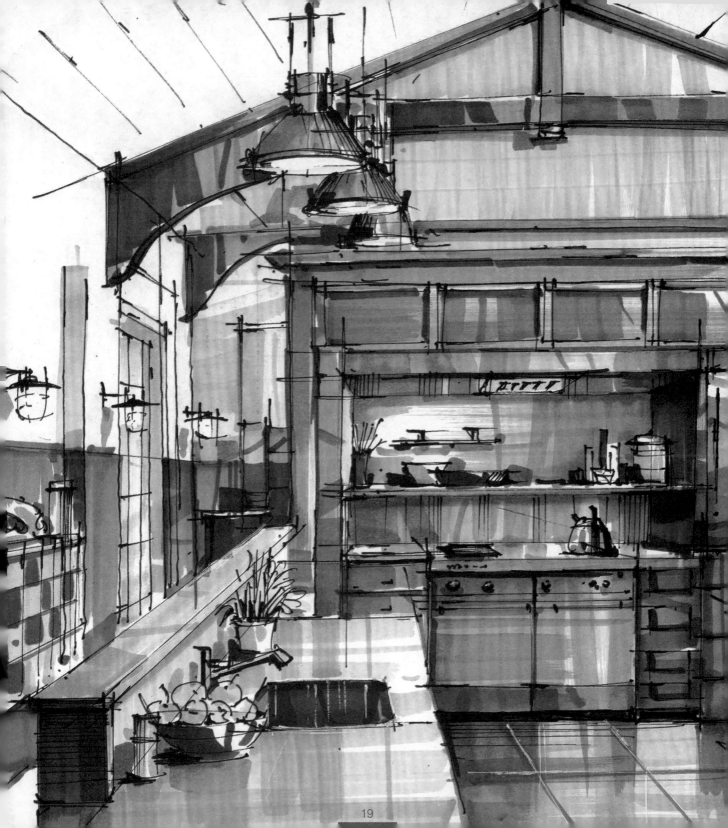

H
honorable mention

优秀奖
张强 赵芳
鲁迅美术学院环境艺术系
沈阳工业大学机械工程学院
嘉润茶人会馆室内设计

优秀奖
陈宝华
天津中德职业技术学院

君悦酒店大堂

honorable mention

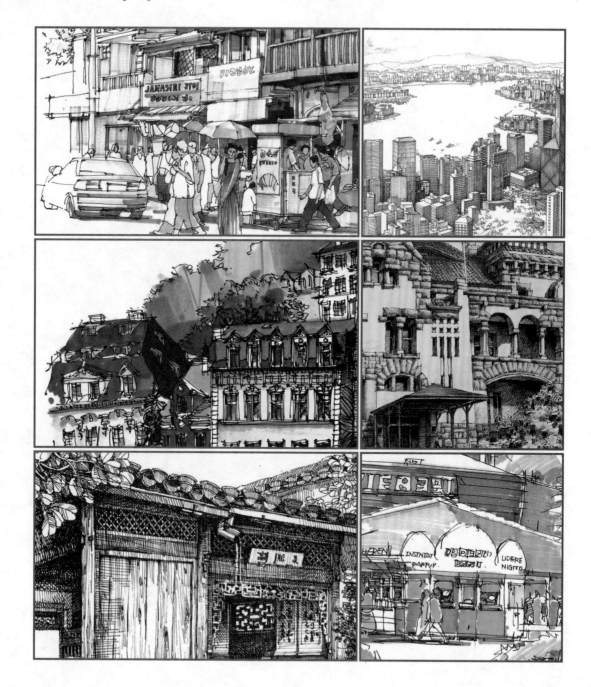

斯里兰卡城市街景系列

该组作品立意独特，题材新颖，构图轻松却不失严谨，主体与配景运用巧妙，空间虚实控制得当。表现风格简洁明快且与题材非常贴切，表达手法娴熟，画面生动，活泼，耐看，系建筑绘画作品中的上乘之作。

1st 一等奖
李明同 杨明
烟台大学

1st

一等奖
李明同 杨明
烟台大学

二等奖
刘星
中南民族大学美术学院

2nd

芬兰印象

评 该作品立意独特，构图新颖，作者将情感充分融入到作品的表现之中，有机地运用了建筑元素将点、线、面构成了疏密有序的节奏且表达灵活、质朴，赋予了画面艺术感染力。

从画面上看，无论是在风格的把握上，还是在元素的刻画上，以及技术的处理上，都充分体现了作者对西洋建筑有着深刻的理解。作者在线的控制上和色彩的运用上也是非常巧妙，所以使得画面清新亮丽且耐人寻味。

3rd

画"亭"

三等奖
祝程远
南京艺术学院

评 该组作品的特点在于作者对中国传统园林及建筑有着比较深刻的理解。因此在表达过程中才轻松、简洁、一气呵成、不拘小节且不拖泥带水，使得画面生动活泼，同时也证明了作者平时有着经常写生的良好习惯。

评 该组作品表现了作者严谨的建筑绘画功底，构图饱满、透视精准、技法丰富、表现得当，对作品刻画得非常深入细腻，但画面不失生动。

3rd

城市居住建筑俯瞰

三等奖
李磊
天津艺绘世纪手绘设计工作室

评 作品融入了作者对城市的感情和思考，作者通过绘画构图的丰满、线条的疏密，空间的虚实和色彩的渲染等恰当的运用，充分表达了城市旧居住区的杂乱拥挤，使画面十分生动具有艺术感染力。

优秀奖

刁晓峰 周先博

honorable mention 重庆小鲨鱼手绘艺术设计工作室

N39

优秀奖
李明同 杨明
烟台大学

婺源小镇 李坑

优秀奖
吴建中
天津艺绘世纪手绘设计工作室
香港建筑俯瞰写生

honorable mention

学生组作品

评 作品想象丰富、特别，表现细致入微，不显
痕迹，拟人化的山石造型与层次分明的表
现，令画面生动、突出、厚重感人。

1st 一等奖
王玉龙 田林
重庆市小鲨鱼手绘工作室

STONE STORY

透视效果图两张

雕塑公园入口大门立面效果图

SCULPTURE THEME PARK DESIGN

局部制立面效果图

SCULPTURE THEME PARK DESIGN

河南皮影戏文化展览馆设计

1st 一等奖
王姗
厦门理工学院

评 作者平静、熟练地表现了一个构思成熟的建筑与景观作品，画面以几何体块状的对比形成鲜明构图效果，小处精细，大处生动。文字简洁些会更好。

整体设计鸟瞰图
The overall design of aerial view

评

想象丰富的建筑，饱满的构图、硬挺的用笔与适当的明暗形成引人入胜的画面气势。

二等奖
汪莲
华中科技大学

2nd 建筑手绘遐想

2nd

二等奖
熊宇
重庆小鲨鱼手绘艺术设计工作室

草图·草图

评

作品繁简有序，主体突出，虚实分明，表现得当。用单一线形元素完好地表现出造型复杂的建筑形象。

二等奖
李琨
北京服装学院

2nd

教堂·表现

评 画面整洁、技巧熟练、语言简洁、层次清晰。

二等奖
葛阳春
天津艺绘世纪手绘设计工作室

2nd 建筑室内效果图表现

3rd

岩泉·木楼

三等奖
卓春炎
重庆小鲨鱼手绘艺术设计工作室

评 该组作品准确地表达了空间的透视及比例关系，笔法熟练，用色简单干净，笔调轻松，表现手法朴实自然，使展现的画面显得较为纯净，给人以干脆利落之感。画面中虽需表现的元素较多，但作者能够抓住画面主题进行塑造，丰富但不凌乱，能够用简练的笔触非常清晰、准确地表达了空间，塑造到位，重点突出，空间感较强。设计的构思与表达在该组作品中也得到了完美的结合。

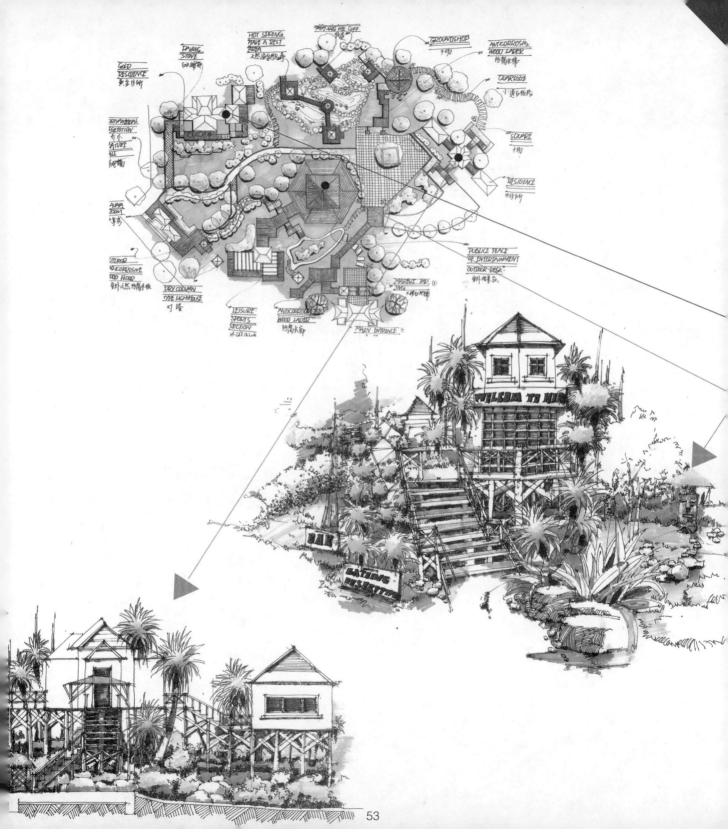

GOLD RESIDENCE
豪宅住宅别墅

DINING STOVE
餐吧炉灶

HOT SPRING HAVE A REST AREA
天然温泉休息区

PART HAS THE CLIFF 悬崖

GROUND SHOP 卖场

ANTICORROSIVE WOOD LADER 防腐木桥

QUARTZITE 石英沙丘陵

SQUARE 广场

RESIDENCE 居民住宅

ROW MATERIAL VEGETATION 有特 ATURE 林 绿化带

AQUA ROOM 鱼房

OUTDOOR ANTICORROSIVE WOOD FLOOR 室外防腐木阳台地板

DRY COLUMN TYPE LIGHTHOUSE 灯塔

LEISURE SPORTS SECTION 休闲运动区

ANTICORROSIVE WOOD LADER 防腐木楼梯

MAIN ENTRANCE 主入口

MARBLE PID 大理石

PUBLIC PLACE OF ENTERTAINMENT OUTDOOR DESK 室外休闲

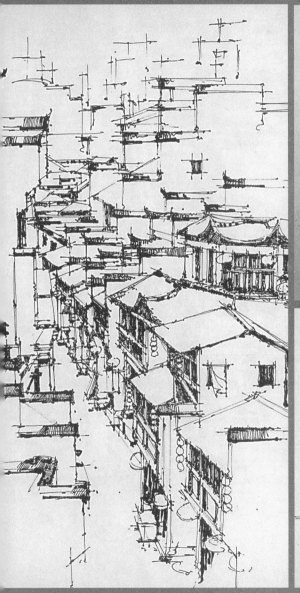

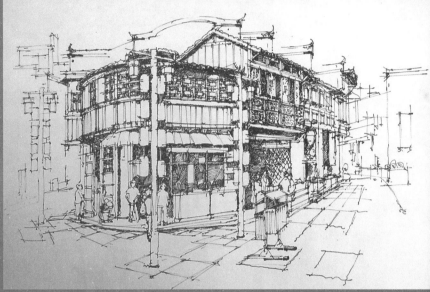

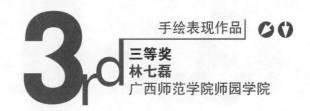

手绘表现作品

3rd 三等奖
林七磊
广西师范学院师园学院

评　该组作品以钢笔为表现工具，用扎实细腻的钢笔线条表现对象，线条的运用灵活熟练。在画面的处理上注重线条的疏密、曲直、轻重、繁简等变化，使表现的画面具备丰富的层次和节奏感，主体刻画突出，主次分明，处理得当。画面边缘的合理留白使画面保持和谐的底图关系，也反映出作者扎实的绘画基础和驾驭画面的能力。

3rd

紫落阑庭室内设计手绘设计方案

三等奖
李方方
西安工业大学

评 该组作品为一套室内住宅设计方案的效果表现图,以最为平实的塑造方法,将室内空间表现的真实可感。空间的透视准确、结构严谨、基本关系清晰,画面色彩明亮,笔法到位,塑造扎实具体,不失为一幅较好的表现图。

3rd

三等奖
侯李芳
江西太阳能科技职业学院

评 该作品用色稳重、和谐，着笔大胆干练。刻画时充分利用绘画材料的特征，注重笔触排列的次序性和方向性，较好地表现出画面中建筑的体块、空间的层次和进深感。塑造时注重整体性和艺术性，把握住了大关系和细节刻画的变化，使表现的画面虚实相间、主次分明、合理得当，并具有较强的整体感和视觉感染力。

3rd

三等奖

蔡冬元

广州大学美术与设计学院

惠普电脑展示厅设计

评 该组作品塑造的较为理性，画面用色虽不多却较为讲究，较好地把握了画面的整体色调。在具体的表现过程中，讲究笔法的有序排列和笔触的灵巧运用，注重对各个物体的体积感、质感与空间感的清晰表达，这使得画面中物体的细节刻画深入到位，具有较强的真实感，也表达出空间设计的意境和独特的氛围。

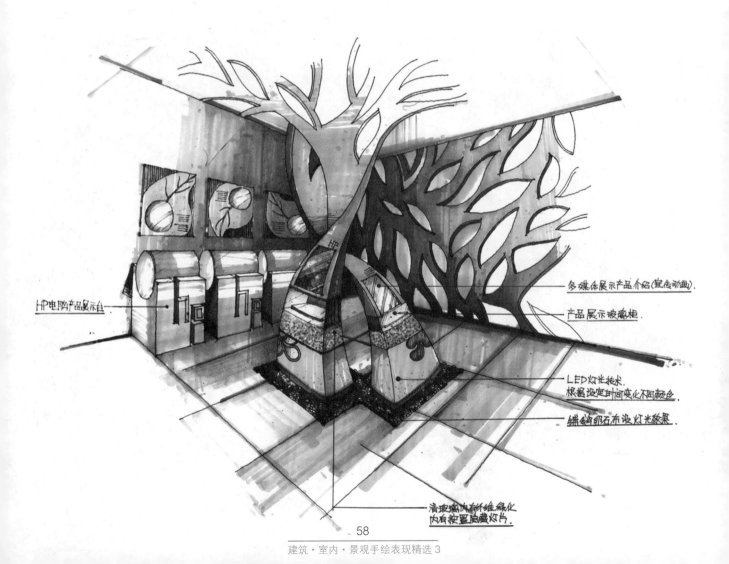

HP电脑产品展示台

多媒体展示产品介绍(宣传动画).

产品展示玻璃柜.

LED灯光技术.
根据设定时间变化不同颜色.

铺铺鹅卵石布设灯光效果.

清玻璃柜内有纤维绿化
内有按置隐藏灯片.

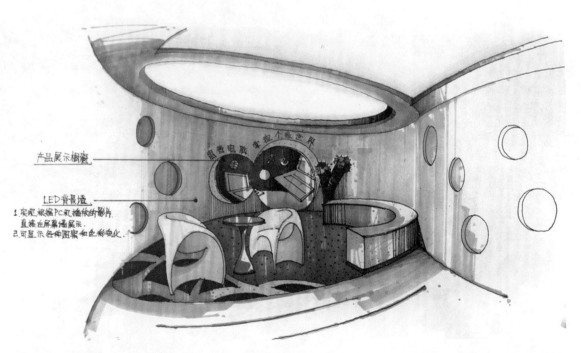

产品展示橱窗

LED背景墙
1.客观根据PC机播放的影片
  直接在屏幕墙展示
2.可显示各种图案和色彩变化

3rd

惠普电脑展示厅设计

三等奖
蔡冬元
广州大学美术与设计学院

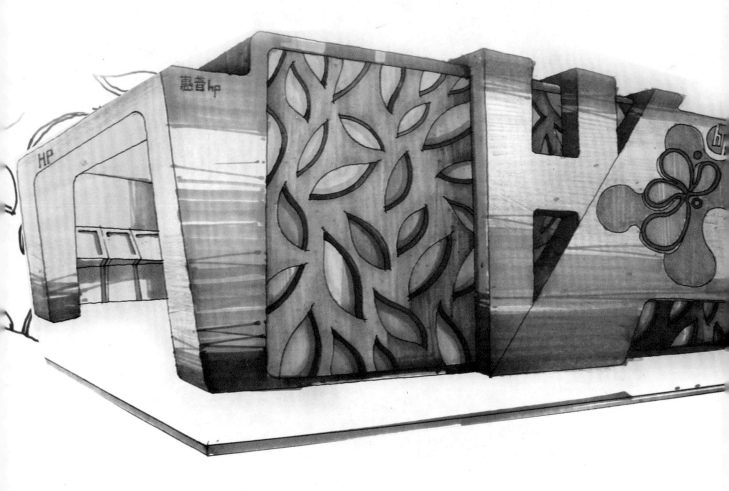

3rd

阳光餐厅

三等奖
王惠萍
天津艺绘世纪手绘设计工作室

评

该作品所表现的色调与空间主题较为吻合，画面色彩鲜明概括、用色大胆、笔触排列有序且流畅。作者根据主导色统一画面色调的原理，较好地把握住画面色彩搭配的协调性，画面色彩统一和谐。塑造时，注重室内空间体块的大关系和光影关系的处理，使画面表现出了整体而又不失细节的刻画，较好地表现了空间的氛围和空间的进深感。

馨瓷居 别墅设计

优秀奖
汪玉娇
景德镇陶瓷学院

馨瓷居·别墅设计

H *honorable mention*

H 优秀奖
王乐楠
honorable mention
大连理工大学城市学院

设计表现

H *honorable mention*

优秀奖
阮雪燕
北京林业大学

阳光下的博物馆

优秀奖
王东旭
江苏大学艺术学院

云山·诗意

云山·诗意

H
honorable mention

优秀奖
郭呈亦
内蒙古师范大学美术学院

日落

H
honorable mention

优秀奖
张淑娜
福建工程学院

优雅与精致

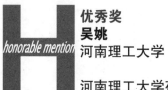

优秀奖
吴姚
河南理工大学

河南理工大学荷花池改造

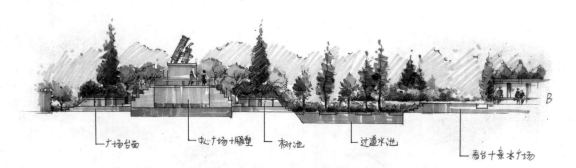

广场台面　　　中心广场+雕塑　　树池　　　过道水池　　　　看台+亲水广场

N

B

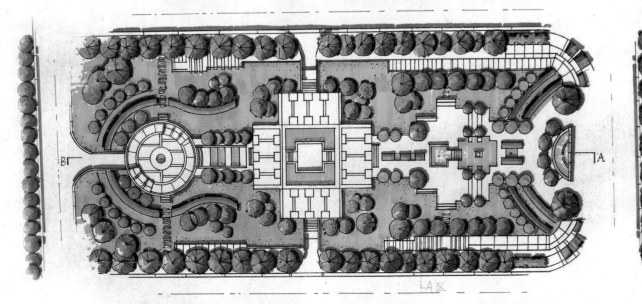

A

LA区

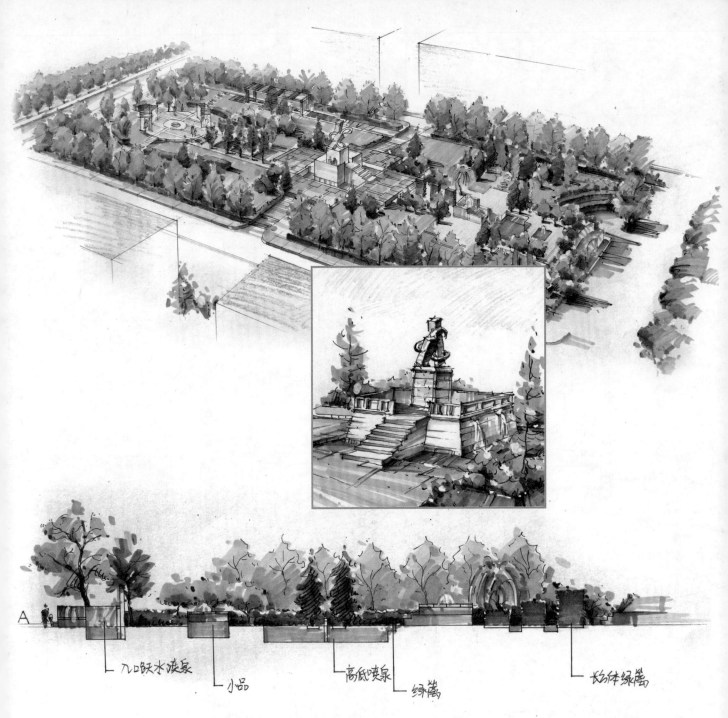

九口跃水喷泉　小品　　高低喷泉　绿篱　　长方体绿篱

荷花池改造断面图　比例尺：1:250.

优秀奖
王晓辰 魏华
四川大学艺术学院

游走慢思，凤中往事

honorable mention

H

优秀奖
黄磊 黄剑
广西艺术学院
齐齐哈尔大学
酒店设计

honorable mention

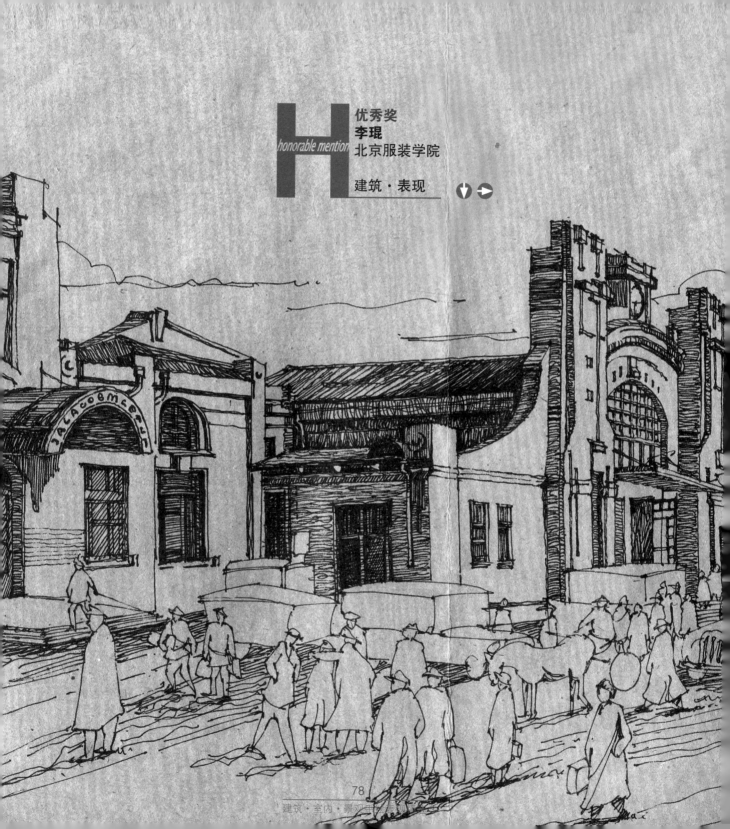

优秀奖
宁宇航
天津艺绘世纪手绘设计工作室

室内手绘综合表现

H
honorable mention

优秀奖
王幸
福建工程学院

暖暖

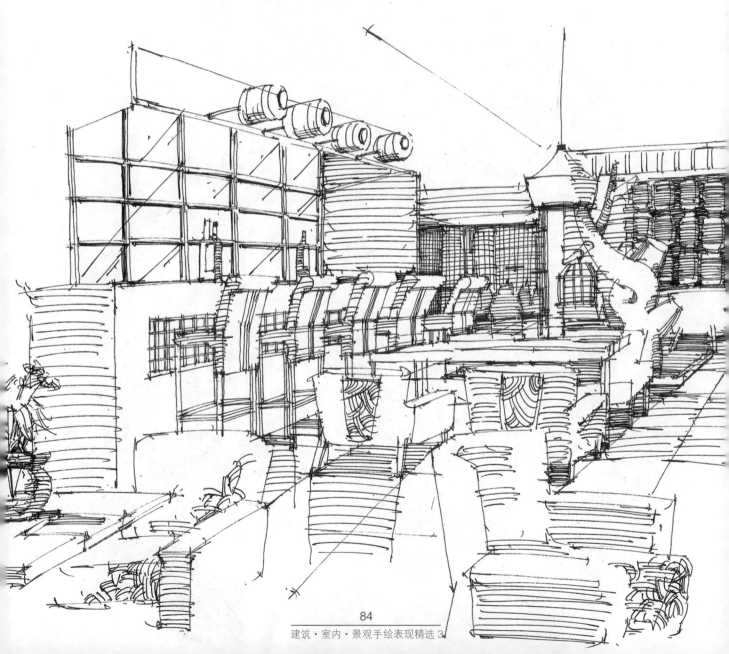

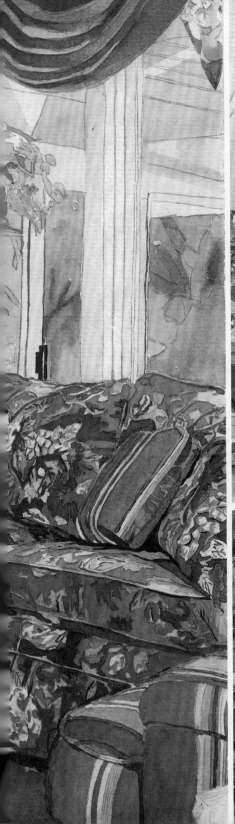

H
honorable mention

优秀奖
魏延娟
福建工程学院

水彩表现

1st

一等奖
张鸿博
大连理工大学城市学院

评

表现技巧娴熟、结构清晰，光影效果强烈，阴影部分刻画的较为细致，虚实对比适当，材质的厚重感和建筑物的历史庄重感表现得相得益彰，既很好地表现了"手绘"的艺术美，又强化了主体建筑的结构美，充分展现了欧洲古典教堂建筑的永恒魅力。

游记——行走芝加哥

1st
一等奖
王若琛
重庆小鲨鱼手绘艺术设计工作室

游记之行走芝加哥
TRAVEL NOTES

评 以游记的形式表达画面，构思独特、生动巧妙。画者熟练地运用设计速写的方式记录了芝加哥的城市特色，画面构图均衡、线条流畅、色彩亮丽和谐，整个画面借鉴了国外即兴速写的表现手法，构图轻松愉悦，运用了一些小的路牌和标示作为配景，显得画面颇为生动。

95

评 作品以不同寻常的视角去展现画面，整体画面完整、冷暖的色彩对比很好的突出了主题。若在图面重点部位结构再细致些，效果会更加理想。在鸟瞰图中，层次还不够分明，如果对远近关系做一些虚实处理增强层次感会让画面更加完美。

二等奖
严晓磊
北京林业大学

2nd 如果我是一只鸟

评 该图钢笔表现用笔轻松自如，技法成熟。构图严谨，透视准确。细部表现细致到位，若在画面局部重点部位的刻划更精彩些，空间效果会更加好。构图稍显平淡，视点的选择值得推敲。

评

图面表达构思新颖独特。从里弄到浦东，画者通过不同的运笔方式和构图来体现传统里弄的宁静安逸与高速现代化的新浦东之间的不同。但鸟瞰图中缺乏视觉的焦点，虚实关系处理的尚不够到位。

二等奖
史纪
同济大学建筑与城市规划学院

2nd 从里弄到浦东 —— 超级都市的曾经与未来

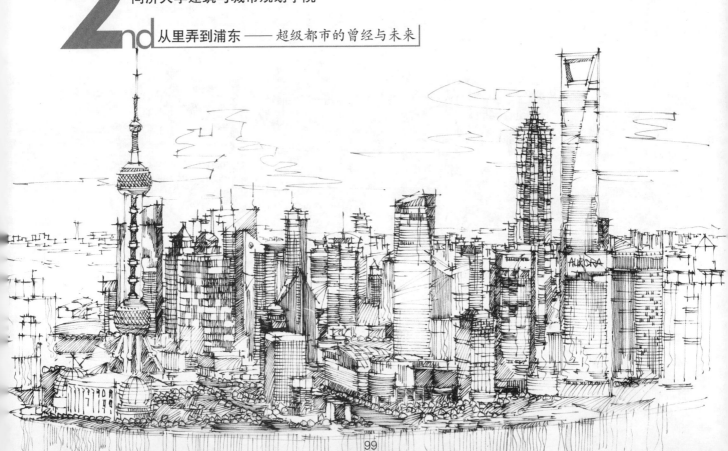

评 本作品用线灵活，线型粗细有致，韵律感较佳，画面显得活泼大胆，不拘一格。不过汽车、人物等刻画得还不够精准，几副画面深浅不一，重新变换位置布局，效果会更好。

二等奖
王国宇 康一凡 张涵煦
重庆小鲨鱼手绘艺术设计工作室

2nd

四方

评

作品十分细致地刻画了老北京四合院内的立面装饰，结构严谨、构图饱满。如果画面再强化一下光影效果，使得虚实效果更强烈些，作品会更好。

3rd

北京故事

三等奖
刘诗倩
大连理工大学城市学院

绿椅

3rd

三等奖
王晶晶
北京林业大学

评 这是一张水彩渲染的室内效果图。透视准确，色彩协调，整体画面处理适当，但主体不够明确，主体缺少更加深入的刻画，画面缺少视觉焦点。

评

该作品透视舒服，构图适宜，风格清新明快，笔法简练，色调单纯。从技术性来说，能完整体现建筑结构、材料和造型，符合技术性辅助图纸的要求。但描绘简单，艺术感染力还不够。

教堂建筑表现：表现技巧较为娴熟，构图完整，色彩和谐。但是画面没有更好的体现出教堂的建筑魅力，画面选取的部分太细节，如果能将更多的周边环境融入画面效果会更好。

古韵

三等奖
黄绪宏
福建工程学院

评 构图平稳、饱满、朴实、透视准确。画面
虚实再强烈点，空间感会更好。

3rd

黄树村建筑写生

三等奖
曹桂庭
西南大学

评 画者用笔线条干净利索、对比强烈，空间层次鲜明，突出描绘了主体建筑。

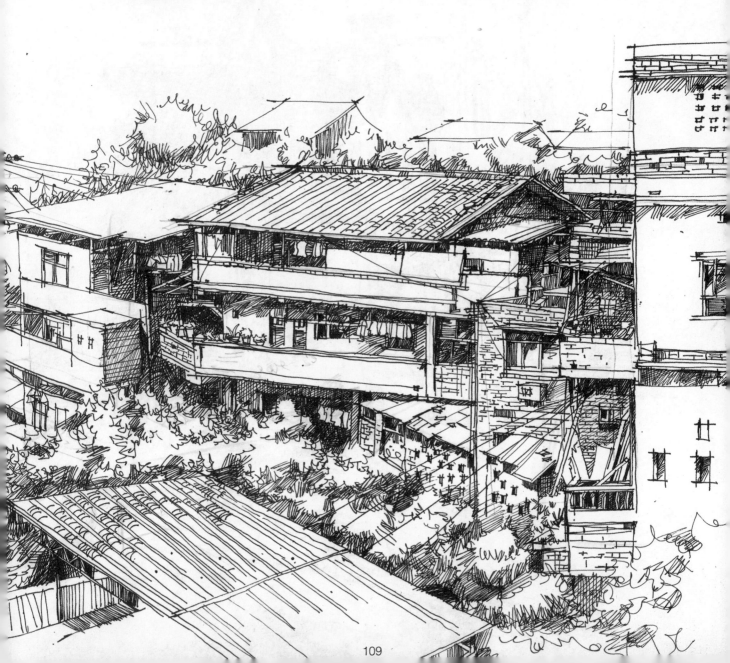

建筑·室内·景观手绘表现精选3

优秀奖
周礼
重庆小鲨鱼手绘艺术设计工作室

移动

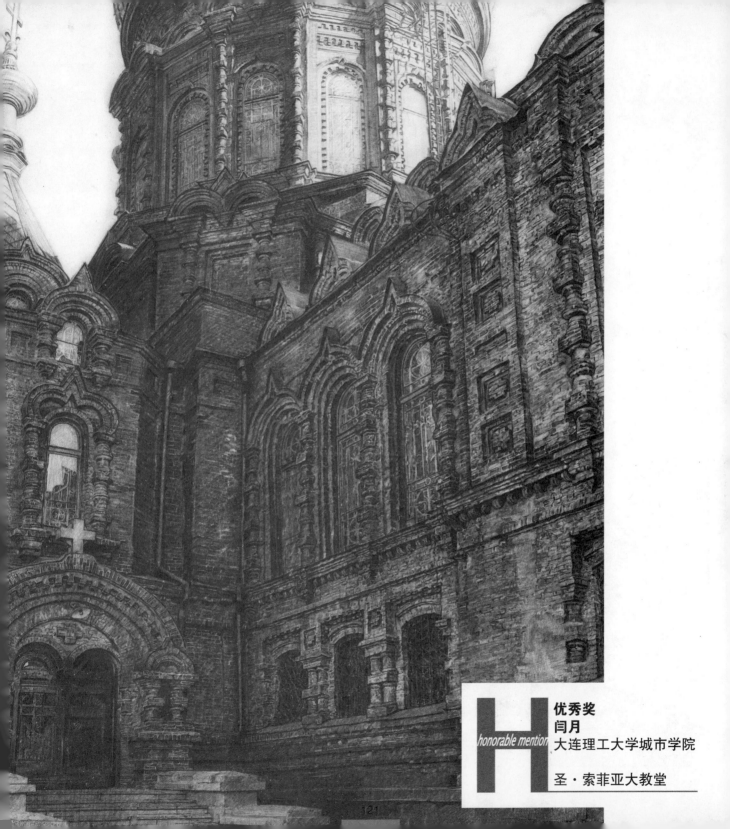

优秀奖
闫月
大连理工大学城市学院

honorable mention

圣·索菲亚大教堂

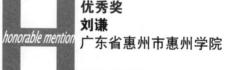

優秀奖
刘谦
广东省惠州市惠州学院

城市建筑写生

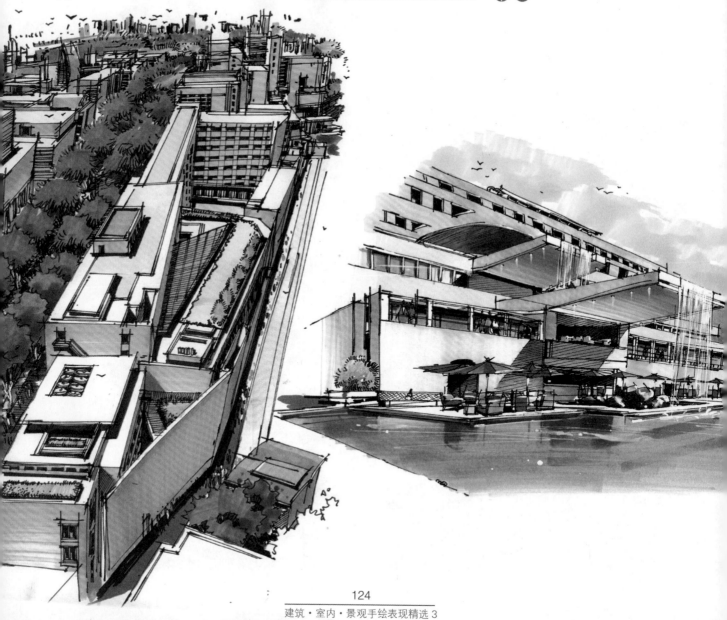

优秀奖
林佳慧
长春理工大学艺术设计系

风格速写之徽派建筑

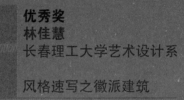

H
honorable mention

优秀奖
苏奇
昆明理工大学

魅力尼泊尔

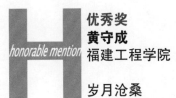

优秀奖
黄守成
honorable mention 福建工程学院

岁月沧桑

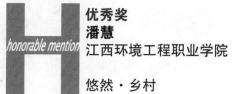

优秀奖
潘慧
江西环境工程职业学院

悠然·乡村

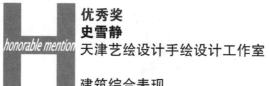

H

honorable mention

优秀奖
段亚楠
北京林业大学

沉稳的商业街